中国地质灾害科普丛书
丛书主编：范立民
丛书副主编：贺卫中 陶虹

HUAPO

陕西省地质环境监测总站 编著

中国地质大学出版社
ZHONGGUO DIZHI DAXUE CHUBANSHE

图书在版编目(CIP)数据

滑坡／陕西省地质环境监测总站编著. —武汉:中国地质大学出版社,2020.1
(2022.11 重印)

(中国地质灾害科普丛书)

ISBN 978-7-5625-4713-6

Ⅰ.①滑…

Ⅱ.①陕…

Ⅲ.①滑坡–灾害防治–普及读物

Ⅳ.①P642.22–49

中国版本图书馆 CIP 数据核字(2020)第 002370 号

滑坡	陕西省地质环境监测总站　**编著**	
责任编辑:张旭	选题策划:唐然坤　毕克成	责任校对:周旭

出版发行:中国地质大学出版社(武汉市洪山区鲁磨路 388 号)　　邮编:430074

电话:(027)67883511　　　　传真:(027)67883580　　E-mail:cbb@cug.edu.cn

经销:全国新华书店　　　　　　　　　　　　　　　　http://cugp.cug.edu.cn

开本:880 毫米×1 230 毫米　　1/32	字数:74 千字　　印张:2.875
版次:2020 年 1 月第 1 版	印次:2022 年 11 月第 2 次印刷
印刷:武汉中远印务有限公司	

ISBN 978-7-5625-4713-6　　　　　　　　　　　　　　　　定价:16.00 元

如有印装质量问题请与印刷厂联系调换

《中国地质灾害科普丛书》
编 委 会

科学顾问:王双明　汤中立　武　强

主　　编:范立民

副 主 编:贺卫中　陶　虹

参加单位:矿山地质灾害成灾机理与防控重点实验室

《崩　　塌》主编:杨　渊　苏晓萌

《滑　　坡》主编:李　辉　刘海南

《泥 石 流》主编:姚超伟

《地面沉降》主编:李　勇　李文莉　陶福平

《地面塌陷》主编:姬怡微　陈建平　李　成

《地 裂 缝》主编:陶　虹　强　菲

我国幅员辽阔,地形地貌复杂,特殊的地形地貌决定了我国存在大量的滑坡、崩塌等地质灾害隐患点,加之人类工程建设诱发形成的地质灾害隐患点,老百姓的生命安全时时刻刻都在受着威胁。另外,地质灾害避灾知识的欠缺在一定程度上加大了地质灾害伤亡人数。因此,普及地质灾害知识是防灾减灾的重要任务。这套丛书就是为提高群众的地质灾害防灾减灾知识水平而编写的。

我曾在陕西省地质调查院担任过 5 年院长,承担过陕西省地质灾害调查、监测预报预警与应急处置等工作,参与了多次突发地质灾害应急调查,深知受地质灾害威胁地区老百姓的生命之脆弱。每年汛期,我都和地质调查院的同事们一起按照省里的要求精心部署,周密安排,严防死守,生怕地质灾害发生,对老百姓的生命安全构成威胁。尽管如此,每年仍然有地质灾害伤亡事件发生。

我国有 29 万余处地质灾害点,威胁着 1 800 万人的生命安全。"人民对美好生活的向往就是我们的奋斗目标",党的十八大闭幕后,习近平总书记会见中外记者的这句话深深地印刻在我的脑海中。党的十九大报告提出"加强地质灾害防治"。因此,防灾减灾除了要查清地质灾害的分布和发育规律、建立地质灾害监测预警体系外,还要最大限度地普及地质灾害知识,让受地质灾害威胁的老百姓能够辨识地质灾害,规避地质灾害,在地质灾害发生时能够瞬间做出正确抉择,避免受到伤害。

为此，我国作了大量科普宣传，不断提高民众地质灾害防灾减灾意识，取得了显著成效。2010年全国因地质灾害死亡或失踪为2 915人，经过几年的科普宣传，这一数字已下降，2017年下降到352人，但地质灾害死亡事件并没有也不可能彻底杜绝。陕西省地质环境监测总站组织编写了这套丛书，旨在让山区受地质灾害威胁的群众认识自然、保护自然、规避灾害、挽救生命，同时给大家一个了解地质灾害的窗口。我相信通过大力推广、普及，人民群众的防灾减灾意识会不断增强，因地质灾害造成的人员伤亡会进一步减少，人民的美好生活向往一定能够实现。

希望这套丛书的出版，有益于普及科学文化知识，有益于防灾减灾，有益于保护生命。

中国工程院院士

陕西省地质调查院教授

2019年2月10日

前言

　　2015 年 8 月 12 日 0 时 30 分许，陕西省山阳县中村镇烟家沟发生一起特大型滑坡灾害，168 万立方米的山体几分钟内在烟家沟内堆积起最大厚度 50 多米的碎石体，附近的 65 名居民瞬间被埋，或死亡或失踪。在参加救援的 14 天时间里，一位顺利逃生的钳工张业宏无意中的一句话触动了我的心灵："山体塌了，怎么能往山下跑呢？"张业宏用手比划了一下逃生路线，他拉住妻子的手向山侧跑，躲过一劫……

　　从这以后，我一直在思考，如果没有地质灾害逃生常识，张业宏和他的妻子也许已经丧生。我们计划编写一套包含滑坡、崩塌、泥石流等多种地质灾害的宣传册，从娃娃抓起，主要面对山区等地质灾害易发区的中小学生和普通民众，让他们知道地质灾害来了如何逃生、如何自救，就像张业宏一样，在地质灾害发生的瞬间，准确判断，果断决策，顺利逃生。

　　2017 年初夏，中国地质大学出版社毕克成社长一行来陕调研，座谈中我们的这一想法与他们产生了共鸣。他们策划了《中国地质灾害科普丛书》(6 册)，申报了国家出版基金，并于 2018 年 2 月顺利得到资助。通过双方一年多的努力，我们顺利完成了这套丛书的编写，编写过程中，充分利用了陕西省地质环境监测总站多年地质灾害防治成果资料，只要广大群众看得懂、听得进我们的讲述，就达到了预期目的。

《中国地质灾害科普丛书》共 6 册,分别是《崩塌》《滑坡》《泥石流》《地裂缝》《地面沉降》和《地面塌陷》,围绕各类地质灾害的基本简介、引发因素、识别防范、临灾避险、分布情况、典型案例等方面进行了通俗易懂的阐述,旨在以大众读物的形式普及"什么是地质灾害""地质灾害有哪些危害""为什么会发生地质灾害""怎样预防地质灾害""发现(生)地质灾害怎么办"等知识。

在丛书出版之际,我们衷心感谢国家出版基金管理委员会的资助,衷心感谢全国地质灾害防治战线的同事们,衷心感谢这套丛书的科学顾问王双明院士、武强院士、汤中立院士的鼓励和指导,感谢陕西省自然资源厅、陕西省地质调查院的支持,感谢中国地质大学出版社的编辑们和我们的作者团队,期待这套丛书在地质灾害防灾减灾中发挥作用、保护生命!

范立民

矿山地质灾害成灾机理与防控重点实验室副主任

陕西省地质环境监测总站 教授级高级工程师

2019 年 2 月 12 日

目录

C O N T E N T S

滑坡基本概念

1.1 滑坡的定义

2015 年 8 月 12 日 0 时 30 分许，陕西省商洛市山阳县中村镇烟家沟碾沟村发生特大型山体滑坡灾害，168 万立方米的山体几分钟内在烟家沟堆积起厚达 50 多米的碎石体，掩埋了中村钒矿 15 间职工宿舍和矿山配套设施及 3 间民房，造成 8 人死亡，57 人失踪，直接经济损失约 5 亿元。面对惨痛教训，我们能做的就是在灾难来临之前掌握逃生知识，增强对滑坡的认识水平和防治能力，最终达到安全逃生的目的。

滑坡是指由于暴雨、地震等自然因素或开挖山坡坡脚等人为活动影响，斜坡上的岩（土）体在以重力为主的力的作用下，沿着一定的滑面（带）向

蠕变前

蠕变期：局部变形

坡脚方向整体滑移的作用过程和现象，俗称"地滑""走山""垮山""山剥皮""土溜"等。

　　滑坡的形成主要从缓慢的蠕动变形开始，逐渐发展变形加剧，导致整体滑动，最终滑动停止。

滑移期：整体滑动

滑移后

▲滑坡形成过程示意图

1.2 滑坡的组成要素

　　滑坡的组成要素主要有滑坡体、滑坡壁、滑动面、滑动带、滑坡床、滑坡舌、滑坡台阶、滑坡周界、滑坡洼地、滑坡鼓丘、滑坡裂缝。

　　滑坡体：指滑坡的整个滑动部分，简称滑体。

　　滑坡壁：指滑坡体后缘与不动的山体脱离开后，暴露在外面的形似壁状的分界面。

　　滑动面：指滑坡体沿下伏不动的岩（土）体下滑的分界面，简称滑面。

　　滑动带：指平行滑动面受揉皱及剪切的破碎地带，简称滑带。

　　滑坡床：指滑坡体滑动时所依附的下伏不动的岩（土）体，简称滑床。

　　滑坡舌：指滑坡前缘形如舌状的凸出部分，简称滑舌。

　　滑坡台阶：指滑坡体滑动时，由于各种岩（土）体滑动速度差异，在滑坡体表面形成台阶状的错落台阶。

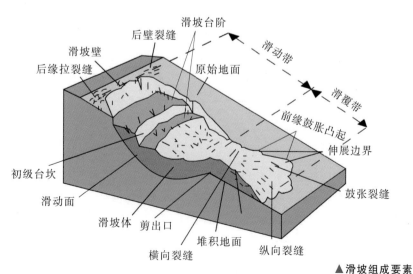

▲ 滑坡组成要素

滑坡周界：指滑坡体和周围不动的岩（土）体在平面上的分界线。

滑坡洼地：指滑动时滑坡体与滑坡壁之间拉开，形成的沟槽或中间低四周高的封闭洼地。

滑坡鼓丘：指滑坡体前缘因受阻力而隆起的小丘。

滑坡裂缝：指滑坡活动时在滑体及其边缘所产生的一系列裂缝。位于滑坡体上（后）部多呈弧形展布称为拉张裂缝；位于滑体中部两侧，滑动体与不滑动体分界处者称为剪切裂缝；剪切裂缝两侧又常伴有羽毛状排列的裂缝，称为羽状裂缝；滑坡体前部因滑动受阻而隆起形成的张裂缝，称为鼓张裂缝；位于滑坡体中前部，尤其在滑舌部位呈放射状展布者，称为扇状裂缝。

1.3 滑坡分类

滑坡的种类很多，根据不同的分类方式可以将滑坡分为不同的类型。常见的分类方式有以下8种。

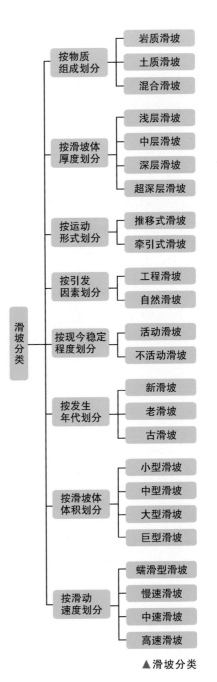

▲滑坡分类

1.3.1 按物质组成划分

按物质组成划分，
滑坡可分为 3 类，即
岩质滑坡、土质滑坡、
混合滑坡。

1.岩质滑坡

岩质滑坡是指各
种基岩顺层或切层形
成的滑坡。较常见的
有由砂岩、泥岩、页
岩组成的岩层，片状
或薄板状的结构面发
育的岩层。

▲岩质滑坡（滑坡体沿层面滑动）

其中，以顺层岩
质滑坡最为多见，滑
动面是层面或软弱结
构面，常发育于河谷
两岸。

▲顺层岩质滑坡后拉开的裂缝

2.土质滑坡

土质滑坡是指发生在还没有固结的堆积土层、黄土、人工填土和风化层中的滑坡。在西北黄土地区，农田灌溉经常引发规模较大的黄土滑坡。

有时滑坡体沿着唯一的滑动面下滑；有时滑坡也会存在多级滑动面，此时滑坡体解体为几块，出现多个滑坡台阶。

▲ 土质滑坡

▲ 黄土滑坡出现的多级滑动

▲ 多级滑动面的滑坡

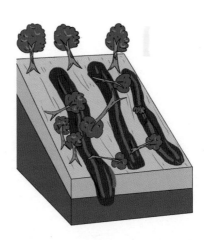

▲ 群发性小型、浅层滑坡

有些滑坡呈窄条状向前滑出很远的距离，这种滑坡多数为小型、浅层滑动，往往成群发生，就像猫在人脸上抓了一下，形成多条滑痕，俗称"猫抓脸"型滑坡。

📍 3.混合滑坡

这里说的混合滑坡就是土石混合体发生滑动而形成的滑坡。这种滑坡在我国山区广泛分布。最典型的混合体滑坡是西藏易贡滑坡，滑坡发生后形成近3亿立方米的天然土石混合体堰塞坝。

混合滑坡一般落差较大，滑距较长，通常会形

▲"猫抓脸"型滑坡

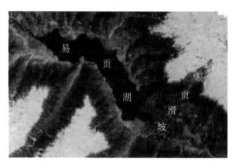

易贡湖

易贡滑坡

▲西藏易贡滑坡

▼陕西省安康市汉滨区大竹园滑坡

转变成泥石流

土石混合滑坡

成高速远程滑坡，甚至带动周边土石混合体形成泥石流。如陕西省安康市汉滨区的大竹园滑坡，在支沟上游土石混合体表现为滑动状态，滑动至支沟下游并汇入主沟后表现为泥石流的特征。

1.3.2 按滑坡体厚度划分

按滑坡体厚度划分，滑坡可分为浅层滑坡、中层滑坡、深层滑坡、超深层滑坡4类。

1.浅层滑坡

滑坡体厚度在 10 米以内的为浅层滑坡。浅层滑坡在我国广泛分布，但由于分布规律差、前期变形迹象不易察觉、面小点多，在地质灾害防范工作中专业技术人员都很难对其做到全面的调查与监测，而且浅层滑坡灾害的后果较为严重。贵州省毕节市大方县金星组滑坡于 2016 年 7 月 1 日 5 时 30 分许发生，掩埋居民 11 户 30 人，共造成 23 人死亡，7 人受伤，属典型的岩溶山区浅层基岩滑坡。

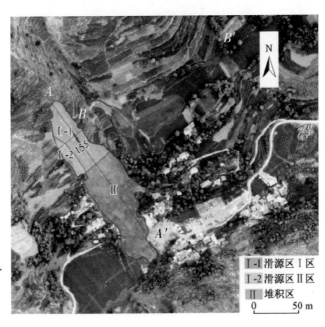

贵州省毕节市 ▶
大方县金星组
滑坡

📍 2.中层滑坡

滑坡体厚度在 10～25 米之间的为中层滑坡。这类滑坡由于滑坡体厚度大，一旦能够发生滑动，其规模往往较大，一般在中型以上，由于滑坡体影响范围大，往往致灾严重。例如发生于 2015 年 8 月 21 日的贵州巴格滑坡，造成 S141 省道路基、路面严重损坏，造成茂兰铁路路基、路轨、铁路防护设施完全毁坏，导致拦水坝部分毁坏，严重影响电站正常运行及安全，经过滑坡区的电路、通信光缆受损严重，严重影响了当地居民的生产生活。

▲铁路轨道变形   ▲路基、路面损坏

📍 3. 深层滑坡

滑坡体厚度在 25～50 米之间的为深层滑坡，如成昆铁路铁西站滑坡。1980 年 7 月 3 日 15 时 30 分许，四川省凉山彝族自治州越西县内，铁西车站南侧牛日河西岸山坡上发生大型岩石顺层滑坡。滑坡体从 40～50 米的采石场边坡下部（高出铁路路基面 10 米左右）滑落，堆积在采石场平台和路面上。滑坡体长 445 米，宽 260 米，厚度 30～60 米，水平滑移距离 80～120 米，后缘滑壁高 70 米，后缘与前缘相对高差约 240 米，滑坡体总体积 220 万立方米。

📝 4.超深层滑坡

滑坡体厚度超过 50 米的为超深层滑坡。1967 年 6 月 8 日，四川省甘孜藏族自治州雅江县雅砻江右岸唐古栋一带发生大型基岩切层滑坡。滑坡体相对高差 1 030 米，最大水平位移 1 900 米，宽 1 300 米，总面积 1.7 平方千米，滑坡体土石体积约 6 800 万立方米。由于庞大的滑坡体滑落入雅砻江，垒成了一座天然的拦河大坝。左岸坝高 355 米，右岸坝高 175 米，坝长 200 米，回水区长达 53 千米，拦河大坝下游出现断流且在雅砻江断流九昼夜后，大坝又漫坝决口溢流，造成溃坝洪水灾害。

超深层滑坡是地质构造中的特殊情况，常会引发不同类型的地质灾害，对区域地质环境产生了诸多危害。

🏔 1.3.3 按运动形式划分

按运动形式划分，滑坡可分为推移式滑坡、牵引式滑坡两类。

📝 1. 推移式滑坡

推移式滑坡是指滑坡体上部岩层滑动，挤压下部产生变形，滑动速度较快，滑坡体表面波状起伏，多见于有堆积物分布的斜坡地段。如陕西省咸阳市彬州市城关镇李前村地面塌陷引发的"对头滑坡"——李前滑坡。

李前滑坡位于东沟左岸，于 2014 年 12 月 29 日发生滑动。该滑坡宽 300 米，长 200 米，厚 30 米，后壁陡直，后缘裂缝较多，滑坡圈椅状边界明显，属大型黄土滑坡。李前滑坡坡向向东，滑坡面推进方向自西向东。下部煤层开采后，距离沟谷远的地方首先开始变形，失去支撑形成几条平行排列、倾向向西的下错裂缝，深度较小，待沟边下部煤层开采后，失去支撑，形成倾向向东、下错深度较大的裂缝，最终形成推移式滑坡。

▲ 李前滑坡全貌

2.牵引式滑坡

牵引式滑坡是指滑坡体下部先滑，使上部失去支撑而变形滑动。该类滑坡一般速度较慢，多具有上小下大的塔式外貌，横向张性裂隙发育，表面多呈阶梯状或陡坎状。例如陕西省咸阳市彬州市城关镇白厢滑坡位于东沟右岸，于 2015 年 6 月发生滑动。该滑坡宽 150 米，长 200 米，厚 15 米，属中型黄土滑坡。滑坡圈椅状边界明显，后壁陡直，滑坡后缘于 2015 年 5 月出现 3 条裂缝，近乎平行，总体呈南北向，滑坡坡向向西，煤层自沟边开始开采，开采后土体失去支撑，同时临空面大，形成倾向向西的下错裂缝，待煤层继续开采，土体失去支撑同时前部土体下错，最终形成牵引式滑坡。

▲ 白厢滑坡后壁

🏔 1.3.4　按引发因素划分

按引发因素划分，滑坡可分为工程滑坡、自然滑坡两类。

📍 1. 工程滑坡

工程滑坡是指由于开挖或加载等人类工程活动引起的滑坡。它还可细分为工程新滑坡（由于开挖坡体或建筑物加载所形成的滑坡）和工程复活古滑坡（原已存在的滑坡，由于工程扰动引起复活的滑坡）。

2001 年 5 月 1 日 20 时 30 分左右，重庆市武隆县县城江北西段发生山体滑坡，坡体由碎裂状的砂岩夹泥岩互层岩体组成，坡体属缓倾切向坡结构。自 1989 年以来，坡脚遭受两次开挖，分别是 1989 年兴建 G319 国道开挖和 1997 年规划建设用地开挖。尽管局部采取浆砌块石

▲ 重庆武隆滑坡

挡墙支挡措施，但未设置合理防水反滤层和排水孔，导致防护效果甚微，最终发生滑坡，这就是一例典型的工程新滑坡。

📍 2. 自然滑坡

自然滑坡是指由于自然地质作用产生的滑坡。

四川省达州市宣汉县天台乡滑坡：2004 年 9 月 3 日，当地普降大到暴雨，接连 3 天的降雨量分别达到 15.9 毫米、122.6 毫米和 257.0 毫米，强度之大前所未有。9 月 5 日 15 时许，天台乡义和村渠江支流前河岸坡上的南樊公路出现开裂，随后路边房屋开始垮塌坠入河中。此后，斜坡前缘一直处于蠕滑阶段，变形区范围由前向后逐渐发展扩

大。22 时—23 时，滑坡体前部的主滑块体启动冲入前河，后部滑块紧紧跟进，接连开始滑动，并逐步发展为天台乡特大滑坡。

▲ 天台乡滑坡

1.3.5 按现今稳定程度划分

按现今稳定程度划分，滑坡可分为活动滑坡、不活动滑坡两类。

1.活动滑坡

活动滑坡是指滑坡发生后仍继续活动的滑坡。活动滑坡的后壁及两侧有新鲜擦痕，滑体内有开裂、鼓起或前缘有挤出等变形迹象。枇杷坪古滑坡，位于重庆市万州城区东缘，滑坡主滑体存在土质和岩质两层滑面，主滑体前缘临江斜坡地段后期产生了黄泥包、康家坡、巨鱼沱、和尚桥、烂冲子 5 个新滑坡体。枇杷坪土质滑坡是在深层岩质滑坡的基础上沿松散堆积层与似层状碎裂岩接触面滑动形成的古滑坡。滑坡纵向长 450～670 米，横向宽 1 800 米，面积约 1.05 平方千米，厚度不均，一般 5～35 米，平均约 18 米，总体积 1 890 万立方米。自古滑坡形成以来，随着移民开发区建设的深入，人类工程活动不断加剧，滑坡中前部已出现蠕滑变形，在不利状况条件下可能产生局部复活。

2.不活动滑坡

不活动滑坡是指滑坡发生后已停止发展，一般情况下不可能重新活动，坡体上植被较盛，常有老建筑。

1.3.6 按发生年代划分

按发生年代划分，滑坡可分为3类，即新滑坡、老滑坡、古滑坡。

1.新滑坡

新滑坡是指现今正在发生滑动的滑坡。

2.老滑坡

老滑坡是指全新世以来发生滑动，现今整体稳定的滑坡。古刘滑坡位于陕西省西安市长安区魏寨乡古刘村。古刘滑坡区边界呈弧形，滑坡后壁显现出较陡的特征。古刘滑坡一直处于蠕变状态，孕育时间很长，1964年、1967年曾发生过小型滑塌，1978年7月后缘出现长达200~300米的弧形裂隙，1984年6月中部出现横向裂缝，9月裂缝已多达9条，宽度达20厘米以上，11月中旬缝宽达50厘米，垂直错落0.5~1米，滑动时间仅10分钟，滑距为23米，落差20米。滑坡发生在上新世至上更新世地层中，主要滑动面为黏土层及黄土层，滑坡后缘破碎，前缘完整，属大型推移式滑坡，是老滑坡体复活。

3.古滑坡

古滑坡是指全新世以前发生滑动，现今整体稳定的滑坡。八角寺滑坡位于陕西省宝鸡市金台区，渭河北岸五级阶地前缘斜坡地带。该滑坡为坡基式古滑坡，滑坡后缘及滑坡后壁弧状地形隐约可见，均较陡，植被发育。滑坡体表面呈台阶状，总长600米，保留完整部分长约200米，宽600米，厚20~65米。坡面为不规则阶梯状，土质为受扰动的黄土状粉质黏土、砂砾卵石等组成，透水性好，属大型黄土古滑坡。

1.3.7 按滑坡体体积划分

滑坡体体积划分，一般分为4级，分别为小型滑坡、中型滑坡、大型滑坡、巨型滑坡。

1.小型滑坡

小型滑坡滑坡体体积小于10万立方米。

2014年10月10日，陕西省延安市甘泉县黄延高速14标段工棚区发生马岔沟滑坡。该滑坡滑向285°，滑动块体长约12米，宽约10米，厚约3米，体积约360立方米，为一小型黄土滑坡。该斜坡坡向285°，高约38米，坡度平均60°，坡体长约44米，地层为第四系马兰黄土。

▼马岔沟滑坡

📍 2.中型滑坡

中型滑坡滑坡体体积为 10 万～100 万立方米。

2011 年 9 月 17 日，陕西省西安市灞桥区席王街办石家道村白鹿塬北坡发生山体滑坡。滑坡所处地貌部位为白鹿塬东北侧塬边，灞河西岸，坡度 50°～70°，坡高约 70 米，坡体由第四系中、上更新统黄土组成。滑坡体滑动 320 米，滑向北东，后缘滑壁陡倾。滑坡体主堆积区长 180 米，宽 230 米，平均厚度 6 米，体积约 24.8 万立方米，属中型黄土滑坡。

▼白鹿塬北坡山体滑坡

3.大型滑坡

大型滑坡滑坡体体积为 100 万～1 000 万立方米。

1980 年 7 月 3 日，四川省凉山彝族自治州越西县内，铁西车站南侧牛日河西岸山坡上发生大型岩石顺层滑坡。滑坡体从 40～50 米高的采石场边坡下部（高出铁路路基面 10 米左右）滑落，堆积在采石场平台和路面上。滑坡体长 445 米，宽 260 米，厚度 30～60 米，水平滑移距离 80～120 米，后缘滑壁高 70 米，后缘与前缘相对高差约 240 米，滑坡体总体积 220 万立方米。此滑坡既是深层滑坡，也是大型滑坡。

4.巨型滑坡

巨型滑坡滑坡体体积大于等于 1 000 万立方米。

1983 年 3 月 7 日，甘肃省东乡族自治县果园乡洒勒村北侧的洒勒山发生大规模高速滑坡。位于高程 2 283 米的山脊瞬间滑落到高程 2 080 米的巴谢河谷，而滑坡体前缘在滑过 800 米宽的巴谢河及 10 米高的对岸岸坡后才停积下来，形成总体积达 3 100 万立方米的巨量滑坡堆积体，整个滑动过程历时不到 1 分钟。

1.3.8 按滑动速度划分

按滑动速度划分，滑坡可分为 4 类，分别为蠕滑型滑坡、慢速滑坡、中速滑坡、高速滑坡。

蠕滑型滑坡为人们仅凭肉眼难以看见其运动，只能通过仪器观测才能发现的滑坡。

慢速滑坡为每天滑动数厘米至数十厘米，人们凭肉眼可直接观察到滑坡的活动。

中速滑坡为每小时滑动数十厘米至数米的滑坡。

高速滑坡为每秒滑动数米至数十米的滑坡。

1991 年 9 月 23 日，云南省昭通市北东向约 30 千米的盘河乡头寨沟村发生特大高速山体滑坡。失稳坡体从斜坡中部高程 2 300 米处剪出后，高速滑入头寨沟，并迅速转变为顺沟奔腾而下的土石流，所到之处，摧枯拉朽，将头寨沟沟谷及沟口的村舍全部掩埋。在与沟谷斜坡发生 3 次大规模高速撞击改向后，其前缘在高程 1 820 米的头寨沟沟口停止下来，最终形成斜长 3 000 米，平均宽 130 米，厚 10 米，总体积约 400 万立方米的滑坡——土石流堆积，整个过程历时仅为 3 分钟。

2

滑坡成因机制

滑坡的引发因素分为自然因素和人为因素两大类。自然因素包括降雨、水库河水冲刷、地震等，暴雨、长时间连续降雨是产生滑坡的最主要自然因素。人为因素包括开挖边坡、堆填加载、采掘矿产资源、乱砍滥伐、渠道渗水、劈山采石等，其中开挖边坡是最主要的人为因素。

2.1 自然因素

2.1.1 降雨引发滑坡

汛期强降雨常常引发突发性滑坡、泥石流等灾害，其危害较为严重。降雨作用实际上是通过改变斜坡岩（土）体水动力状况来影响斜坡稳定性的。它通过雨水入渗，使得岩（土）体中的含水量增加，饱和度也迅速提高，使岩（土）体的孔隙压力增高，同时松散土层遇水软化，达到饱和或近饱和状态，黏聚力降低，从而容易产生滑坡等地质灾害。

▼ 降雨引发滑坡过程示意图

2010 年，陕西省商洛市山阳县高坝店镇桥耳沟村暴雨引发滑坡灾害，共造成 6 人死亡，18 人失踪，3 人受伤，53 间房屋被毁，直接经济损失约 150 万元。

▲山阳县高坝店镇桥耳沟村暴雨引发滑坡灾害

该滑坡为降雨引发的高速远程岩质滑坡，由 1 个高位剪出楔体、1 个低位滑体构成，滑坡体以块状板岩、千枚岩为主，块石粒径以 10～50 厘米为主，下伏基岩为钙质板岩等变质岩。滑坡后缘可见光滑的板岩层面。整个滑坡区长约 200 米，宽约 80 米，堆积物沿沟谷堆积，长约 500 米，宽约 60 米，厚 2～10 米，滑坡总体积大致为 20 万～30 万立方米。

2.1.2　水库河水冲刷引发滑坡

水库引发滑坡主要表现在：①水库蓄水以及强降雨后由于水岩相互作用而造成岩土体的强度软化效应和浮托减重效应而可能改变滑坡体的稳定性；②库水位的骤然变化（升降）产生动水压力可能引发滑坡体的变形与破坏；③水库的蓄水可能会引发地震，而地震可能触发滑坡的变形和破坏。

河水冲刷坡脚会增大临空面，使坡体变陡，同时减少抗滑力，易引发滑坡灾害。

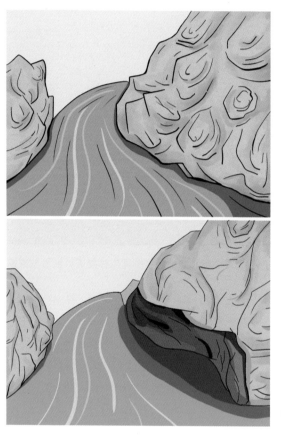

◀河流冲刷坡体变陡

湖南省塘岩光滑坡发生在 1961 年 3 月 6 日，资水柘溪水库蓄水初期，是我国第一个大规模的岩质库岸滑坡。滑坡发生后，滑坡残体一部分已淹没于水下，滑体沿水面宽 210 米，顶部宽 160 米，残体顶缘最高为 280 米，滑坡体厚 20～35 米，水下部分自岸边向河床堆积延伸 60～120 米，形成一水下台阶，其高程为 115～140 米，总体积 165 万立方米。滑坡下滑后，不仅淹没了下游施工基坑，还冲毁了已建成的构筑物，造成巨大的经济损失，并造成40余人死亡。

后经研究发现，不利的地质结构面组合、不利的构造条件、软弱的岩性条件是滑坡发生的内因，雨水和库水位上升所引起的水文地质条件的变化及由水-岩相互作用而引起的岩体强度的降低则是滑坡发生的外部引发因素。

四川省宣汉樊哙大桥滑坡发生于2009年7月16日，滑坡后缘陡壁明显，陡崖保存完好。滑坡体纵向（东西方向）长350～1 100米，横向宽1 100～1 500米，滑坡区为东高西低的斜坡，后缘高程520～570米，形成高20～25米的滑壁，坡度约60°，滑坡剪出口高程424米，前后缘相对高差约86米。滑体总体坡度25°～30°，滑坡前缘紧邻前河，坡度较陡（约50°），滑坡剪出口位于河床以下约5米处，基本沿岸边砂岩陡崖顶部剪出。滑坡主滑方向293°，滑体厚度15～35米，体积约48.26万立方米，为中型土质滑坡。暴雨是引发樊哙大桥滑坡的重要原因，河水对滑坡体前缘的冲刷是该滑坡形成的另一重要因素，主要表现在河水上升且最大涨落高达6.5～7米，河水以8～11米/秒的流速冲刷坡脚，坡体前缘内部的细小物质被掏空，其物质组成改变，坡脚密实度下降。

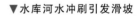

▼水库河水冲刷引发滑坡

🏔 2.1.3 地震引发滑坡

地震引发滑坡造成的灾害损失不亚于地震的直接破坏。历史上1718 年甘肃通渭 7.5 级地震引发了 300 多处大滑坡，死伤 4 万余人；1920 年宁夏海原 8.5 级地震共引发了 675 处规模较大的黄土滑坡，滑坡分布面积达 4 000～5 000 平方千米，死亡人数高达 10 万多人；1927 年古浪 8.0 级地震引发了 90 多个较大的黄土滑坡；1995 年甘肃永登 5.8 级地震引发了 150 余处黄土滑坡。这些黄土滑坡主要分布在六盘山以西的宁南和陇西地区，该区以砂质黄土为主，地震作用下，即使很缓的黄土斜坡也会发生滑动。地震引发的黄土滑坡普遍具有规模大、滑动面缓、滑距远的特点，而且没有明显的滑坡台阶，滑动面不光滑，地形波状起伏。

1933 年 8 月 25 日，岷江上游叠溪（四川省茂县内）发生 7.5 级地震，引发大型滑坡。滑波体滑入岷江形成高 100 米的碎石坝，蓄水 5.2亿立方米。同年 10 月 9 日碎石坝溃决，高 40 米的水头顺江而下，将200 千米长的岷江两岸的村镇冲毁大半，造成 2 500 余人死亡。叠溪地震引发的斜坡灾害中，以较场滑坡的规模最大，该滑坡顺坡向平均长约 1 400 米，垂直于坡向的平均宽约 900 米，平面面积约 1.5 平方千米，其滑坡体平均厚度约 170 米，体积约 2.1 亿立方米。滑坡堆积体前缘宽，后缘窄，由数个不同高程平台和连结斜坡构成，坡面坡度15°～35°，前缘斜坡坡度一般 40°～50°，局部达 70°。

2.2 人为因素

人为因素引发滑坡主要表现在人类工程活动的影响。人类不合理的开发和工程活动，破坏了自然环境和生态环境，间接或直接加剧了滑坡的发生。人类工程活动包括建房修路开挖边坡、堆填加载、采掘矿产资源、乱砍滥伐、渠道渗水、劈山采石等，据不完全统计，我国2/3的灾难性滑坡是由采矿、修路、灌溉等人类工程活动引起的。

2.2.1　工程加载

　　工程加载增大了滑坡下滑力，同时会引起坡体产生变形，特别是黄土边坡，由于黄土的抗拉强度很低，容易形成拉张裂缝。拉张裂缝降低了土体的强度，更重要的是为地表水的灌入提供了导水通道。2008年8月31日，陕西省延安市吴起县薛岔乡马连城村发生滑坡，长庆油田吴起作业区430-30井场突然发生大面积滑坡，工程堆载区位于坡体中部，滑坡造成4口油井报废的巨大经济损失。滑坡长223米，宽249米，最大厚度约56米，滑体体积约100万立方米。滑坡表面整体表现为上陡、中平、下陡的地表形态，主滑方向为77°，垂直错距超过10米。

▼工程加载

🏔 2.2.2 开挖坡脚

依山建房或修路，常常开挖坡脚，增大临空面，使得坡体变陡，滑坡阻力减小。刘万家沟滑坡，位于延安飞机场后面山坡，2011 年 6 月山体发生错动，沿上部平台基岩面剪出。滑体为中更新统、上更新统黄土地层，中更新统地层下边界与侏罗纪地层相接触，其地层为砂泥岩互层，遇水易软化，抗剪强度低，岩层产状近水平，透水性差，易形成相对隔水层，是主要的引发滑坡地层。该场地已经开挖多年，整体坡体稳定，后为扩大场地用地面积进行了大尺度的坡体开挖，使得坡体有向下移动的趋势。滑坡体的左侧壁与流水冲沟重合，冲沟深 5~8 米。冲沟的存在，加大了降雨的入渗量，在古土壤层形成局部的高含水带，降低了土体的强度。降雨加剧了坡体的不稳定性。该滑坡属于短期内对坡体进行大规模开挖后，引起沿基岩接触面滑动，是典型的由开挖所引起的牵引式黄土滑坡。

▼开挖坡脚

2.2.3 灌溉

为了促进农业生产，自 1970 年以来，人们在有条件的黄土地区修建了大量灌溉系统。然而灌溉或水渠泄漏引发了一系列黄土灾害，其中黄土滑坡最为频繁，造成了严重的财产损失和人员伤亡。

人类引水灌溉改变了地下水文环境，抬升了地下水位，而地下水位的升高使塬边土体长期遭受浸泡，导致土体由天然重度变为了饱和重度，从而增大了土体的下滑力，而且还使边坡土体的抗剪强度降低，尤其是处在塬边坡脚部位的古土壤层，被水饱和软化后的抗剪强度急剧降低，形成的软弱面往往是滑坡的滑动面。另外，渠道渗水使土地潮湿软化，增加土体自重，降低土的强度，也会导致滑坡。

泾阳西庙店滑坡，位于陕西省泾阳县太平镇西庙店村塬边斜坡带。斜坡原始坡度较陡，平均坡度大于 60°，受工程灌溉影响，于 2013—2014 年共计发生了 4 起滑动。其中，2013 年 6 月 10 日发生的第一起滑坡规模最大，约 26 万立方米，滑动距离约 305 米，滑坡下滑时速度较快，破坏耕地约 40 亩（1 亩≈666.7 平方米，下同）。该斜坡处随后分别于 2013 年 8 月、10 月和 2014 年 7 月发生了 3 起滑动。

▼渠道渗水引发滑坡过程示意图

🏔 2.2.4 采矿

地下采空使陡坡失去下卧支撑，引起的上覆岩层拉伸变形，使采空区上部地表产生裂缝，破坏了陡岩的连续性，同时由于坡度陡，岩（土）体自重产生的水平分力大，在其他因素作用下很容易失稳。对其上覆岩（土）体，开采移动变形坏了岩（土）层的力学性质，减小了其黏聚力，加上地表水的渗透作用，致使坡体失稳。

露天矿山边坡的开挖，使岩体处于临空状态，破坏了原始岩层的自然状态。边坡表面临空岩体在自身重力的作用下，必然会向临空方向移动，当边坡岩体的强度不足时，很容易产生较大的变形量，边坡将会发生滑动，同时生产爆破震动、地下水或地表水的流入也会降低坡体的稳定性。

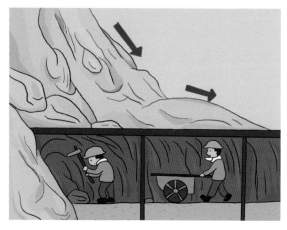

▲地下采矿采空导致滑坡体内临空

▲露天采矿形成临空

抚顺西露天矿开采始于 1901 年，目前已形成东西向长度约 6.6 千米、南北向宽度约 2.2 千米、深度约 420

米的"亚洲第一大坑"。百余年来的高强度开采，使得露天矿边部不稳定，发生过不同规模的滑坡、崩塌及地裂缝等地质灾害，历史上有记录的滑坡多达 90 多次。滑坡造成过多次重大事故，如 1948 年露天矿西部长 1 500 米的煤层被滑坡岩石掩埋，不能进行采煤工作；1955 年 12 月，在边帮东部下盘区，由于地面水灌入边坡下部的残煤着火区引起爆炸，触发了底板凝灰岩层滑坡，造成坑下多人死亡；1971 年又发生类似的爆炸滑坡事故。

　　除了正常采矿形成采空区易引发滑坡外，人类对其他自然资源的过度利用也会直接或间接引发滑坡灾害。例如滥砍滥伐导致植被破坏形成水土流失引发滑坡。另外，人类对山体的过度采石也会破坏山体稳定性引发滑坡。

▼乱砍滥伐引发滑坡

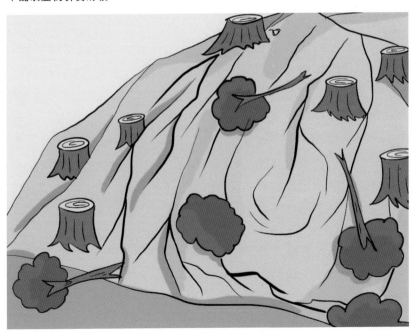

▲过度采石引发滑坡

2.3 滑坡易发区

　　容易发生滑坡的地方有：圈椅状凸出的斜坡地形、植被不发育的山坡、暴雨多发区或异常的强降雨地区、工程建设活动剧烈的山体斜坡地带及地震频繁地区等。

▲圈椅状凸出的斜坡地形

　　圈椅状凸出斜坡一般为类似"大肚子"的凸起地形，即上下陡、中间缓，有稳定性差的临空区存在，同时该地形也极其容易汇聚降雨和地表流水，因此造成坡体地表岩（土）体不稳定发生蠕动，因此是滑坡的易发区。

　　植被对于斜坡具有护坡作用，植物根系能够增加根系范围岩（土）体的黏聚力，同时植被对于斜坡地下水位有很大的影响，可以达到良好的排水作用，可以有效遏制降雨对斜坡稳定性的影响。因此，植被不发育的山坡相对较容易发生滑坡。

　　暴雨多发或者异常降水是引发滑坡的关键突发因素。另外人为的工程加载或者地震的自然力影响使这些区域容易成为滑坡的易发区。

▲暴雨多发或者异常降水易引发滑坡

▲ 地震频繁引发滑坡

3

滑坡分布

3.1 世界滑坡分布

自 20 世纪初期以来，随着社会经济的大规模发展，人类活动空间范围的逐渐扩展，以及重大工程活动对地质环境扰动程度的不断加剧，加之受到全球极端气候变化等因素的影响，滑坡发生的频率和强度均呈增长之势，所造成的人员伤亡和经济损失也不断加大。

据统计，20 世纪最后 20 年间，重点承灾国家意大利、日本、美国、俄罗斯、印度、捷克、奥地利和瑞士等平均每年滑坡灾害经济损失达 15 亿～20 亿美元，其总和平均为每年 120 亿～160 亿美元。世界灾害数据库统计的 1974—2003 年近 30 年间世界范围内大型滑坡（滑坡体积 100 万～1 000 万立方米）和巨型滑坡（滑坡体体积在 1 000 万立方米以上）按国别进行分布的情况如下。图中红色区域表示近 30 年

世界大型、巨型滑坡发生次数/次
　　0～3　　4～10　　11～35

▲ 近 30 年世界大型、巨型滑坡发生次数示意图（数据来源：世界灾害数据库）

间统计的滑坡发生次数在 11 次以上，最高为 35 次。不难发现，滑坡在世界范围分布十分广泛，几乎有人类活动的地方都有滑坡。而我国是世界上滑坡灾害受灾最为严重的地区之一，面临着严峻的滑坡灾害威胁。

3.2 世界滑坡典型案例

1.案例一：波多黎各 Mameyes 滑坡

1986 年发生在波多黎各 Mameyes 的滑坡，摧毁了 120 间房屋，造成至少 129 人死亡。滑坡发生的原因是一个热带风暴产生的暴雨。人口高密度地区的下水道漏水导致地表土层饱和，滑坡顶部的自来水管漏水也对滑坡的发生产生影响。

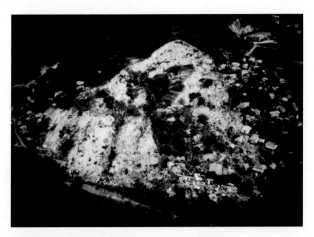

▲波多黎各 Mameyes 滑坡（照片由美国地质调查局的 Randall Jibson 提供）

2. 案例二：日本新潟县滑坡

2004 年发生在日本新潟县的地震导致的滑坡，使得建造在人工填土上面的房屋被损坏。

▲日本新潟县滑坡（照片由日本京都大学 Kamai 教授提供）

3. 案例三：尼加拉瓜火山滑坡

2005 年飓风"米奇"经过美国中部，引起大量降雨，导致尼加拉瓜的 Casita 火山一侧发生滑坡。这场滑坡席卷了整个埃尔波维尼和罗兰多罗德里格斯镇，造成超过 2 000 人死亡。

▲ 尼加拉瓜火山滑坡（照片由美国地质调查局的 K.M Smith 提供）

3.3 中国滑坡分布

　　我国疆域辽阔,地形复杂,气候多样,地质条件特殊,是滑坡灾害多发的国家之一。地质、地貌、气候等条件决定着我国滑坡的分布格局。滑坡主要分布在第一地势阶梯与第二地势阶梯的过渡地带及第二地势阶梯与第三地势阶梯的过渡地带,即我国西南、西北地区,其次分布在中南及东南地区。从行政分区来看,四川、云南、西藏等省(自治区)滑坡分布较多,其次为重庆、贵州、陕西、甘肃、湖北、广西、湖南、山西、广东、福建等省(自治区、直辖市)。

▲中国 2019 年十大自然灾害之一——贵州水城滑坡

📍 1.四川省

四川省地形复杂多样，包含四川盆地、青藏高原、横断山脉、云贵高原、秦岭–大巴山山地等几大地貌单元，地跨中国地势第一及第二地势阶梯，西高东低，由西北向东南倾斜。该地区具复杂的构造演化历史及断裂体系、高地震烈度背景、高地壳应力环境特点。

滑坡主要集中分布于川西北岷江上游、大渡河中游、雅砻江下游、金沙江下游等。滑坡的发育受地形坡度控制，80%～90%的滑坡发生于地形坡度为20°～50°的斜坡上。堆积松散的土层和软弱的岩层为主要易滑地层，特别是第四系崩坡积土体分布较多，为滑坡的发育提供了丰富的物质来源。近年来四川省区域性的滑坡、崩塌等地质灾害频繁发生均与强降雨有关。大暴雨过程和长时间的连续降雨不仅造成洪灾，而且引发大量的滑坡、崩塌等灾害。全省全年平均降水量的分布特征基本上反映了地质灾害的分布和发育强度的趋势。

全省目前共有滑坡隐患点2.1万余处，分为顺层岩质滑坡和切层岩质滑坡。顺层岩质滑坡其形成主要与岩层遇水软化的软弱岩层有关，出现的滑体规模一般均较大，多发生在大江大河谷坡地段，且与沿谷坡的工程建设活动密切相关。切层岩质滑坡的发生往往还受岩体节理裂隙发育程度的控制。

📍 2.云南省

云南省地处云贵高原西部，山高谷深，生态和地质环境脆弱，是我国受地质灾害威胁较为严重的地区之一。滇西"三江"高山峡谷区、滇东北高原峡谷区、大盈江支流盈江盆地边缘区、哀牢山和无量山等地区，山高坡陡、江河深切，区域性深大断裂密集，断裂带岩体破碎，中—强震活动频繁，地质环境条件脆弱，属地质灾害高易发区域。滑坡多发生在斜坡地带，尤其在坡度大于25°的局部地段，滑坡灾害更为集中。

滑坡集中分布区（段）为：滇西北海拔4 000米以上的梅里雪山、

甲午雪山、白茫雪山、哈巴雪山、玉龙雪山冰川活动区，以崩塌型滑坡为主；南涧—云县—镇沅—墨江，区内易滑岩广布，滑坡点多，区内滑坡的产生多与沟谷切蚀和溯源侵蚀有关，滑坡规模以中小型为主；宁蒗—丽江—永胜，滑坡活动多与活动断裂有关；盈江—梁河—腾冲，梁河县滑坡多受控于煤系地层，盈江县滑坡与花岗岩的风化程度、活动断裂有关；大关—永善，区内地质环境脆弱，破坏地质环境的人类活动强烈，导致滑坡多发。

📍 3.西藏自治区

青藏高原素有"世界屋脊"之称，且地域辽阔，地势复杂多变，海拔平均4 000米以上，西藏自治区则位于其西南部。西藏滑坡地质灾害的形成与其地形地貌、岩（土）体类型、地质构造格局等地质环境背景条件密切相关，而气象水文、地震、人类工程经济活动是其滑坡的直接诱因。藏东南及喜马拉雅山区山高谷深，地形陡峻，斜坡的稳定性差，易产生滑坡地质灾害。

滑坡形成机制分析表明，切割深度在800～1 000米的高陡斜坡，在内外动力地质作用下，易产生大型滑坡，其滑距、滑速及动力均很大。

岩质滑坡多形成于相对较软的千枚岩、板岩、页岩、泥岩等地层或千枚岩、板岩、砂岩与砾岩、石英砂岩、灰岩、混合岩等软硬相间的地层中。前者遇水易软化，特别是顺坡向的软弱层面成为主要控滑面；后者由于差异风化作用，边坡具多个临空面，导致滑动面的形成而产生滑坡。

土质滑坡多发生在残坡积层或冰碛砾石层中，残坡积层滑坡相对较多。滑坡活动明显受季节性降雨、融雪水影响，每年5～8月，西藏大部分地区气候转暖，冰雪开始融化，时至雨季，且雨量集中，占全年降水量的80%～90%，月最大降水量达900.4毫米，多阵雨、暴雨，24小时降雨量一般为25～45毫米，最大92.2毫米。特别是喜马拉雅山区暴雨频率高，亦成为滑坡多发区。

3.4 中国滑坡典型案例

📍 **1.案例一：云南普福滑坡（规模大、死亡人数多）**

1965 年 11 月 23 日，云南省禄劝县原普福公社的烂泥沟发生特大型滑坡。滑坡总体积为 3.9 亿立方米。滑体滑落后继续顺沟谷高速滑动 5～6 千米，直至前方受大山阻挡后才停积下来。滑坡体在普福河谷中堆积成长 1 100 米、高 167 米、面积 2.2 平方千米的拦河大坝。大坝拦截引起蓄水成库，形成容量达 5 万立方米的堰塞湖。直接遭受滑坡危害的有老深多、白占斗等 5 个村庄 85 户居民，共计 283 间房屋和 1 口石灰窑被掩埋，死亡 444 人。

▲普福滑坡现状

📍 **2.案例二：湖北千将坪滑坡**

2003 年 07 月 13 日凌晨，湖北省秭归县沙镇溪镇千将坪村发生大型滑坡，共造成 14 人死亡，10 人失踪，倒塌房屋 346 间，毁坏农田 71 公顷，金属硅厂、页岩砖厂等 4 家企业全部毁灭。滑坡还毁坏省道 3 千米，毁坏输电线路 205 千米，翻沉船舶 22 艘，广播、电力、国防光缆等基础设施都受到严重破坏，直接经济损失达 5 375 万元以上。

▲千将坪滑坡现状

🗺 3.案例三：重庆长江鸡扒子滑坡

1982 年 7 月，重庆市云阳地区连降暴雨，月降雨量达 633.2 毫米；17 日 20 时许，位于云阳老县城下游 1 千米处鸡扒子长江左岸斜坡失稳。18 日 2 时许，斜坡发生剧烈滑动，最大滑速达 12.5 米/秒，滑体前缘推入江中并直达对岸，最大滑距达 200 米，最终形成巨型滑坡。滑坡西侧壁长 1.4 千米，东侧壁长 1.6 千米，面积 0.77 平方千米，体积 1 500 万立方米，其中约 230 万立方米滑入长江航道。鸡扒子滑坡虽未造成人员伤亡，但是毁坏房屋 1 730 间，工农业生产直接经济损失共 600 万元。更为严重的是，由于大量石块坠入长江中，河床淤高 40 米，形成 700 米的急流险滩，长江航运被迫中断 7 天，航道整治费高达 8 000 万元（当年价格），间接经济损失达 1 000 万元。

▲鸡扒子滑坡

4

滑坡危害

　　滑坡对我们的生活、生产等方面影响巨大，极易造成严重的经济和财产损失，更甚者造成人员伤亡。

　　滑坡直接危害主要表现在突然毁坏城镇村庄、铁路、公路、厂矿企业等，造成人员伤亡和财产损失。滑坡灾害的大小除了受滑坡规模控制外，还与滑坡活动特点（如高速滑坡）和滑坡影响区的社会经济状况有关。通常滑坡规模越大，发生得越突然，如果区域人口和重要工程设施越多，灾害越严重。滑坡危害分述如下。

4.1　城镇危害

　　城镇是一个地区的政治、经济和文化中心，人口、财富相对集中、密集，工商业发达。因此，城镇附近的滑坡常常砸埋房屋，伤亡人畜，毁坏田地，摧毁工厂、学校、机关单位等，并毁坏各种设施，造成停电、停水、停工，有时甚至毁灭整个城镇。

▼危害城镇（雅安市汉源县万工乡）

　　2010 年 7 月 27 日 5 时许，位于四川省雅安市汉源县万工乡双合村一组万工集镇的后背山（小地名二蛮山）发生山体滑坡，滑坡现场斜坡长 1.6 千米，高度 620 米，垮塌土石体积约 120 万立方米。灾害造成 21 人失踪，91 户 391 人房屋倒塌，414 户 1 338 人房屋受到影响。

　　滑坡对房屋的危害非常普遍，也很严重。房屋无论是在滑体上，还是在滑体前缘外侧稳定的岩（土）体上，都会遭到破坏。2006 年 10 月 6 日 9 时 30 分许，陕西省渭南市华县大明镇高楼村水泉河自然村发生黄土滑坡灾害，毁房 94 间，死亡 12 人。

▲滑坡损毁房屋

4.2 铁路危害

　　滑坡是最为严重的一种破坏山区铁路的地质灾害。规模较小的滑坡可造成铁路路基上拱、下沉或平移，大型滑坡则毁坏铁路桥梁，错断隧道、摧毁明硐等工程，造成车翻人亡的行车事故。2010年5月23日2时10分许，沪昆铁路江西省余江县与东乡县之间发生山体滑坡，导致由上海开往桂林的 K859 次（编组17辆，载568人）旅客列车发生脱轨事故，导致车辆脱线，中断上下行线路行车，造成乘客90人死伤。

▲2010年5月23日沪昆铁路事故（来自昆明信息港）

4.3 公路危害

　　山区公路是遭受滑坡灾害危害最严重的一类工程，交通运输的安全也受到了极大的影响。滑坡对公路的主要危害是掩埋公路、砸坏路基及公路桥、中断交通，造成行车事故，引起人员伤亡。2017年7月31日7时30分许，通建高速公路通海至曲江 K14+800 蚂蚁山路段，因降雨山体滑坡导致通海至曲江方向的高速公路中断。

▲致高速公路中断的通海至曲江滑坡（来自新华网）

4.4 厂矿企业危害

　　滑坡是破坏厂矿企业甚至是其他大型产业正常生产的主要地质灾害之一，甚至在某种程度上已经成为影响矿山建设和矿产开发的"公害"。在露天矿山，滑坡灾害几乎影响着矿山生产的整个过程，甚至造成生命财产的重大损失。2015年8月12日0时30分许，陕西省商洛市山阳县中村镇烟家沟碾沟村发生山体滑坡，掩埋了中村钒矿15间职工宿舍和矿山配套设施及3间民房，造成8人死亡，57人失踪，直接经济损失约5亿元。

▲滑坡毁坏厂矿企业

5

滑坡识别与临灾避险

滑坡灾害发生的前兆是什么？发生滑坡时应该如何应对？在滑坡发生之前应进行正确判断，发生之后应采取正确的方法避险、逃生手段，并且树立正确的防灾意识，注重日常的监测和观察，在建房选址、郊游出行等活动中避开滑坡易发地段，可以在危急时刻保证我们的人身财产安全。

5.1 滑坡野外识别标志

圈椅状地形：常在较平顺的山坡上造成与周围明显不协调的台坎，使斜坡不顺直、不圆滑，而造成圈椅状、马蹄状地形和槽谷地形。

河流弯曲：滑坡舌向河心凸出呈河谷不协调现象。

▲ 圈椅状地形

▲ 河流弯曲

双沟同源：沿滑坡两侧切割较深，常出现双沟同源现象。

阶状平地：在滑坡体的中部常有一级或多级异常台阶状平地，滑坡体下部因受推挤力而呈现微波状鼓丘及滑坡裂缝。

醉汉林（马刀树）：滑坡体表面的植物因受不匀速滑移呈零散分布，树木歪斜零乱，称为醉汉林或马刀树。

建筑物变形：若滑动之前滑坡体上曾建有建筑物，会出现开裂、倾斜、错位等现象。

泉水出露：泉水出露、滑坡裂隙发育，且斜坡间隙有泉水或湿地分布。

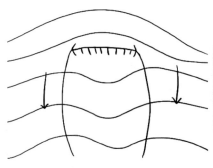

▲ 双沟同源

▲ 微波状鼓丘

▲ 马刀树

▲ 醉汉林

▲ 建筑物变形

泉水出露点

▲ 泉水出露

5.2 滑坡前兆

前兆一：滑坡体上的房屋、道路、田坝、水渠等出现拉裂变形现象，且裂缝在近期不断加长、加宽、增多。

◀裂缝加宽

前兆二：滑坡前部坡脚处有泉水复活或者滑坡后部出现泉（井）水突然干枯、水位明显降低等异常现象。

◀泉水干枯

前兆三：滑坡体前部土体出现上隆（凸起）现象，这是滑坡向前推挤的明显迹象。

▲土体隆起

前兆四：滑动之前，有岩石开裂或被剪切挤压的声响，说明岩体深部正在发生变形与破裂。

▲岩石发出声响

前兆五：滑坡体局部会出现小型坍塌和土石松弛现象。

▲小型坍塌

前兆六：滑坡体局部出现不均匀沉陷、下错现象，总体坡度较陡，坡面高低不平，地形凌乱。

▲局部不均匀沉陷

前兆七：滑坡体上电线杆、烟囱、树木、高塔等出现歪斜现象。

▲ 歪斜现象

前兆八：动物惊恐不安、不入槽等异常反应。

▲ 动物惊恐不安、不入槽

前兆九：久旱逢雨，暴雨时节易发生。

▲ 暴雨时节

5.3 避险措施

措施一：行人与车辆不要进入或通过有警示标志的滑坡危险区。

▲ **正确避让滑坡**

措施二：滑坡灾害多发于雨季，夜晚发生滑坡较白天发生滑坡的概率更大。因此，在雨季到山区游玩，一定要提高警惕，提前关注天气变化，选择安全的游玩路线，特别是雨季的夜晚最好不要在滑坡危险区逗留。

▲ **雨季不在危险区停留**

措施三：处于滑坡体上，感觉地面有变动时，要用最快的速度向山坡两侧稳定地区逃离，切勿贪恋财物。向滑坡体上方或下方跑都是危险的！

▲发生滑坡时，快速逃离危险区，切勿贪恋财物，向山坡两侧稳定地区逃离

措施四：处于滑坡体中部无法逃离时，找一块坡度较缓的开阔地停留，但一定不要和房屋、围墙、电线杆等靠得太近，可寻找身边最近的固定物迅速抱紧，保证自己不被冲走。

▲处于滑坡体中部无法逃离时，抱紧固定物

措施五：当您处于滑坡体前沿下方时，只能迅速向两边逃生。

▲处于滑坡体前沿下方时，迅速向两边逃生

另外，在滑坡停止后，不应立刻回家检查情况，不要闯入发生滑坡地区寻找损失的财物，贸然回家可能遭到第二次滑坡的侵害。经专家鉴定危险消除后方可进入。

▲不应立刻回家检查情况（一）

▲不应立刻回家检查情况（二）

在重新入住前，首先确定房屋是安全的，没有裂痕和破损。

检查屋内水、电、煤气等设施是否损坏，管道、电线等是否发生破裂和折断。如发现故障，应及时报修。

▲确定房屋安全

▲ 发现故障及时报修

6

滑坡防治措施

滑坡的预防措施主要有选择安全场地修建房屋、不随意开挖坡脚、不随意在斜坡上堆弃土石、管理好引水和排水沟渠等。防治措施主要是做好滑坡的监测及治理工程等。

 6.1 *滑坡的简易监测方法*

常用的滑坡监测方法有埋桩法、埋钉法、上漆法、贴片发等。

📍 1.埋桩法

在斜坡上横跨裂缝两侧埋桩，用标尺测量桩之间的距离，可以了解滑坡变形过程。

▲ 埋桩法

📍 2.埋钉法

在建筑物裂缝两侧各钉一颗钉子，通过测量两侧钉子之间的距离变化来了解建筑所在滑坡的变形情况。

🗺 3.上漆法

在建筑物裂缝的两侧用油漆各画上一道标记，通过测量两侧标记之间的距离来判断裂缝是否在扩大。

▲埋钉法

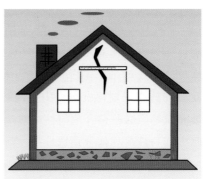

▲上漆法

🗺 4.贴片法

对墙上裂缝进行观测，在横跨建筑物裂缝处贴一张纸片，如果纸片被拉断，说明滑坡变形在持续，须严加防范。

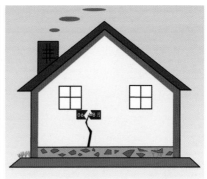

▲贴片法

6.2 滑坡的预防措施

📍 1.选择安全场地修建房屋

选择安全稳定地段建设村庄、构筑房舍，是防止滑坡危害的重要措施。村庄的选址是否安全，应通过专门的地质灾害危险性评估来确定。在村庄规划建设过程中合理利用土地，修建居民住宅和学校等重要建筑物，必须避开危险性评估指出的可能遭受滑坡危害的地段。

农村建房如何合理选址？

原则一：严格按照社会主义新农村建设规划进行建房。

原则二：不要在滑坡体上、陡坡上建房。

原则三：不要紧挨着陡坡坡脚、有危岩的石山坡脚建房。

原则四：在缓坡上或其坡脚切坡建房，房屋与后面的陡坡之间要有足够的防护距离。

原则五：不要在山区的冲沟底部及冲沟口附近建房。

原则六：地下岩溶发育区，先查明浅层溶洞并处理后，采用钢筋混凝土圈梁条形结构。

▲ 选择安全场地修建房屋

2.不随意开挖坡脚

在建房、修路、整地、挖沙采石、取土过程中，不能随意开挖坡脚，特别是在房前屋后。如果必须开挖，应事先向专业技术人员咨询并得到同意后，或技术人员现场指导，方能开挖。

坡脚开挖后，应根据需要砌筑维持边坡稳定的挡墙，墙体上要留足排水孔；当坡体为黏性土时，还应在排水孔内侧设置反滤层，以保证排水孔不被阻塞，充分发挥排水功效。

3.不随意在斜坡上堆弃土石

对采矿、采石、修路、挖塘过程中形成的废石、废土，不能随意顺坡堆放，特别是不能在房屋的上方斜坡地段堆弃废土。当废弃土石量较大时，必须设置专门的堆弃场地。较理想的处理方法是把废土堆放与整地造田结合起来，使废土、废石得到合理利用。

▲不随意在斜坡上堆弃土石

4.管理好引水和排水沟渠

一旦发现渠道渗漏，应立即停水修复。对生产、生活中产生的废水要合理排放，不要让废水四处漫流或在低洼处积水成塘。面对村庄的山坡上方最好不要修建水塘，降雨形成的积水应及时排干。

▲管理好引水和排水沟渠

📍 5.及时上报险情

发现有滑坡发生的前兆时，立即报告有关部门，同时通知受威胁人群及时有序撤离。

▲ 及时上报险情

6.3 滑坡治理工程

滑坡治理的主要工程措施有排水、削方减载、回填压脚、抗滑支挡、格构锚固等。具体分类介绍如下。

措施一：排水，主要是拦截和旁引滑体以外的地表水，汇集和疏导滑体中的地下水。

▲ 排水工程　　　　　　　　　　　　　　　　　　　　▲ 削方减载

措施二：改变斜坡力学平衡条件，如降低斜面坡度、坡顶减重回填于坡脚，必要时在坡脚或其他适当部位设置挡土墙、抗滑桩或锚固等工程防治措施。

▲ 回填压脚   ▲ 抗滑支挡

措施三：改变斜坡岩土性质，如灌浆、电渗排水、电化学加固、增加斜坡植被等。

▲ 格构锚固   ▲ 斜坡种植

 6.4 *滑坡预防案例*

🗺 **1.案例一：陕西省安康市岚皋县堰门镇集镇后方滑坡成功预报**

预报情况：2015 年 6 月 23 日 12 时许，堰门镇相关人员在地质灾害巡查时发现集镇后方（堰门镇隆兴村一组大官公路里侧）出现裂缝，有滑动迹象，及时将险情电话报告岚皋县防滑办。堰门镇领导立即指挥所有受威胁的群众迅速撤离，并安排相关人员对滑坡地段进行 24 小时监测。6 月 23 日 16 时 30 分许该处发生滑坡，大量岩体块石滑落，导致滑坡后缘两户房屋受损，形成危房无法居住，并直接导致大官公路中断。

由于监测巡查认真，发现及时，预报准确，本次滑坡未造成人员伤亡。此次成功预报，保证了该处 2 户 9 人的生命安全，避免直接经济损失 120 余万元。

▲岚皋县堰门镇集镇后方滑坡成功预报

📍 2.案例二：陕西省安康市汉滨区恒口镇冯湾村四组滑坡成功预报

预报情况：由于连续中到大雨，2015 年 6 月 25 日 14 时许，陕西省安康市汉滨区恒口镇冯湾村工作人员按照上级通知进行安全巡查。该村监委会主任冯立群在巡查时发现该村四组有坡体出现裂缝、树木倾斜现象，可能会发生滑坡，立即电话汇报给村支部书记周青千。周青千立即召集村主任周云峰和其他村干部赶到该村四组查看。到下午4时，坡体裂缝不断扩大，周青千随即将受威胁的2户群众紧急撤离转移到安全地带。6月26日9时许，该地点出现大面积滑坡。由于受威胁的2户10人及早撤离，未造成人员伤亡，避免直接经济损失320万元。

经验启示：监测巡查认真，发现及时，预报准确，未造成人员伤亡。

▲安康市汉滨区恒口镇冯湾村四组滑坡成功预报

📍 3.案例三：陕西省安康市旬阳县石门镇白庙村六组 (小寨湾) 滑坡成功预报

预报情况：2015年6月20日，陕西省安康市旬阳县南区各镇普降大雨，局部暴雨。6月24日，白庙村六组（小寨湾）村民崔永斌发现自己居住房屋墙体及周围土坎、外侧公路均出现裂缝，严重影响居住安全，立即将情况报告石门镇政府、旬阳县防滑办。旬阳县国土资源局接报后立即派人员赶赴现场调查，制定"防、抢、撤"预案，迅速将受威胁群众7户42人撤离到安全地带，石门镇政府安排人员24小时监测，设立警示牌、警戒区等标志。7月2日该处发生滑坡灾害，崔永斌等7户房屋严重受损，无人员伤亡。

经验启示：发现有地质灾害发生的前兆时，立即报告有关部门，及时转移避让，积极开展预警预报，可以有效避免或减少人员伤亡和财产损失。

▲ 旬阳县石门镇白庙村六组（小寨湾）滑坡成功预报

希望通过以上典型案例，让人们深刻认识到我国滑坡灾害的严重性，并从中吸取教训，得到启示，同时起到宣传警示作用，使得人人重视滑坡灾害防治工作，不断提高公众积极主动参与滑坡灾害防治和地质环境保护的热情，最终形成全社会共同参与滑坡灾害防治工作的新局面。

结束语

　　我国地域辽阔，山区较多，地形复杂，构造发育，滑坡地质灾害隐患分布广泛，主要集中在四川、陕西、云南、甘肃、青海、贵州、湖北等省。近几年，地震频发，台风、强降雨等异常天气频繁出现及人类工程活动的加剧，对地质环境的影响也愈来愈强烈，导致部分地区生态环境恶化、地质灾害频发，对我国经济及社会发展造成了极大的影响。

　　党的十九大报告提出要加强地质灾害防治。习近平总书记先后在中央政治局第23次集体学习、河北省唐山市调研考察、中央深改组第28次会议及中央财经委员会第三次会议中就做好防灾减灾救灾工作发表一系列重要讲话。习近平总书记关于防灾减灾救灾工作的系列重要讲话，是在科学分析我国灾害形势的基础上，对防灾减灾救灾工作提出的新思想、新论断、新要求，是今后一个时期我国防灾减灾救灾工作的根本遵循，为推进防灾减灾救灾事业改革发展指明了方向。因此，要坚持以防为主、防抗救相结合，坚持常态减灾和非常态救灾相统一，努力实现从注重灾后救助向注重灾前预防转变，从应对单一灾种向综合减灾转变，从减少灾害损失向减轻灾害风险转变，全面提升全社会抵御自然灾害的综合防范能力。

　　本书通过讲述滑坡基本概念、成因机制、分布、危害、识别与临灾避险、防治措施知识，运用通俗易懂的语言、生动有趣的图片和视频等进行了滑坡知识科普宣传，使更多的人民群众了解和认识滑坡，掌握必要的防灾、避灾知识，积极参与到滑坡地质灾害的防治工作中去，防患于未然，有效减少人民群众的生命财产损失。

科普小知识

地质灾害预报

概念

地质灾害预报是对未来地质灾害可能发生的时间、区域、危害程度等信息的表述，是对可能发生的地质灾害进行预测，并按规定向有关部门报告或向社会公布的工作。地质灾害预报一定要有充分的科学依据，力求准确可靠。加强地质灾害预报管理，应按照有关规定，由政府部门按一定程序发布，防止谣传、误传，避免人们心理恐慌和社会混乱。

地质灾害气象风险预警

地质灾害气象风险预警等级划分为四级，依次用红色、橙色、黄色、蓝色表示地质灾害发生的可能性很大、可能性大、可能性较大、可能性较小，其中红色、橙色、黄色为警报级，蓝色为非警报级。

红色：预计发生地质灾害的风险很高，范围和规模很大。

橙色：预计发生地质灾害的风险高，范围和规模大。

黄色：预计发生地质灾害的风险较高，范围和规模较大。

蓝色：预计发生地质灾害的风险一般，范围和规模小。

📖 预报方式及内容

地质灾害预报以短期预报或临灾预报以及灾害活动过程中的跟踪预报为主，预报由专业监测机构、研究机构和灾害管理机构及有关专业技术人员会商后提出，由人民政府或自然资源行政主管部门按《地质灾害防治条例》的有关规定发布。

地质灾害预报的中心内容是可能发生的地质灾害的种类、时间、地点、规模（或强度）、可能的危害范围与破坏损失程度等。地质灾害预报分为长期预报（5年以上）、中期预报（几个月到5年内）、短期预报（几天到几个月）、临灾预报（几天之内）。

长期预报和重要灾害点的中期预报由省、自治区、直辖市人民政府自然资源行政主管部门提出，报省、自治区、直辖市人民政府发布。短期预报和一般灾害点的中期预报由县级以上人民政府自然资源行政主管部门提出，报同级人民政府发布。临灾预报由县级以上地方人民政府自然资源行政主管部门提出，报同级人民政府发布。群众监测点的地质灾害预报，由县级人民政府自然资源行政主管部门或其委托的组织发布。地质灾害预报是组织防灾、抗灾、救灾的直接依据，因此要保障地质灾害预报的科学性和严肃性。

🏔️ 地质灾害警示标识

在地质灾害易发区或灾害体附近，一般会设立醒目标识，提醒来往行人或车辆注意安全或标识逃生路线、避难场所等。不同地区标识外观不尽相同，但其目的都是为了防范地质灾害，达到安全生活、生产的目的。下面列举了我国部分地区的地质灾害警示标志、临灾避险场所标志，以及常见的几类地质灾害警示信息牌。

▲ 地质灾害警示标志

▲ 地质灾害区危险警示牌

▲ 地质灾害少数民族地区灾情介绍标牌（引自治多县人民政府网站）

地质灾害群测群防警示牌

灾害名称：桐花村后滑坡　　　规模：小型
位置：临城县赵庄乡桐花村村南50米路北
威胁对象：8户30人40间房屋
避险地点：村北小学
避险路线：向滑坡两侧撤离
预警信号：鸣锣、口头通知
监测人：×××　　联系电话：×××××
村责任人：×××　　联系电话：×××××
乡责任人：×××　　联系电话：×××××
县责任人：×××　　联系电话：×××××

××× 人民政府

▲ 地质灾害群测群防警示牌

地质灾害警示牌

灾害点名称： 五德镇杉木岭庙咀滑坡
灾害点位置： 五德镇杉木岭村庙咀组
灾害类型： 滑坡
规　　模： 60m×70m/0.5×10⁴m³
威胁对象： 村民7户 36人
防灾责任人： xxxx　**联系电话：** xxxxxxxxx
巡查责任人： xxxx　**联系电话：** xxxxxxxx
监测记录人： xxxx　**联系电话：** xxxxxxx
预警信号： 敲锣
应急电话： xxxxxxx（镇值班电话：xxxxxxx）
禁止事项： 禁止任何单位或个人在滑坡体上开山、
采石、爆破、削土、进行工程建设及从事其他可
能引发地质灾害的活动。

撤离线路图

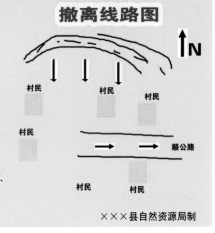

村民　村民　村民　村民　村民　村民　顺公路　N

×××县自然资源局制

▲ 地质灾害警示牌

主要参考文献

《工程地质手册》编委会.工程地质手册［M］.5 版.北京：中国建筑工业出版社，2017.

范立民，何进军，李存购.秦巴山区滑坡发育规律研究［J］.中国地质灾害与防治学报，2004，15（1）:44–48.

范立民，李勇，宁奎斌，等.黄土沟壑区小型滑坡致大灾及其机理［J］.灾害学，2015，30（3）：67–70.

黄润秋，许强，戚国庆.降雨及水库诱发滑坡的评价与预测［M］.北京:科学出版社，2007.

黄润秋，许强.中国典型灾难性滑坡［M］.北京：科学出版社，2008.

贾洪彪，邓清禄，马淑芝.水利水电工程地质［M］.武汉：中国地质大学出版社，2018.

林彤，谭松林，马淑芝.土力学［M］.武汉：中国地质大学出版社，2012.

刘传正，刘艳辉，温铭生.中国地质灾害区域预警方法与应用［M］.北京：地质出版社，2009.

彭建兵，王启耀，门玉明，等.黄土高原滑坡灾害［M］.北京：科学出版社，2019.

孙魁，李永红，刘海南，等.彬长矿区"对滑型"黄土滑坡及其形成机制[J].煤炭学报，2017，42(11):2989-2997.

唐辉明.工程地质学基础[M].北京：化学工业出版社，2017.

陶虹，康金栓.陕西省地质灾害易发性综合评价方法初探[J].中国地质灾害与防治学报，2008，19(4):77-81.

陶虹，向茂西，戴福初，等.基于GIS的陕西省矿山地质环境综合分区研究[J].中国地质灾害与防治学报，2007(2):44-47.

王恭先，王应先，马惠民.滑坡防治100例[M].北京：人民交通出版社，2008.

王家鼎，张倬元.典型高速黄土滑坡群的系统工程地质研究[M].成都:四川科技出版社，1999.

许强，汤明高，黄润秋，等.大型滑坡监测预警与应急处置[M].北京：科学出版社，2015.

殷坤龙.滑坡灾害预测预报[M].武汉：中国地质大学出版社，2004.

殷跃平.中国典型滑坡[M].北京：中国大地出版社，2007.

中国岩石力学与工程学会地面岩石工程专业委员会，中国地质学会工程地质专业委员会.中国典型滑坡[M].北京：科学出版社，1988.

朱耀琪.中国地质灾害与防治[M].北京：地质出版社，2017.